重庆市生物工程与现代农业特色学科专业群资助

# 景观钢笔快速表现

JINGGUAN GANGBI KUAISU BIAOXIAN

杨利平  编著

化学工业出版社

·北京·

## 内容简介

《景观钢笔快速表现》是作者基于多年教学经验，从便于读者学习掌握的角度构建内容体系，着重介绍景观钢笔快速表现的学习训练方法以及景观钢笔快速表现示范。全书分为五章，其中第一章为概述，第二章为基本景观单体快速表现，第三章为快速表现能力提高的训练方法，第四、五章为国内外景观钢笔快速表现示范。

全书语言简练，画面丰富，可作为高等院校风景园林、园林、建筑规划及相关专业本科教学用书，也可供钢笔画爱好者参考。

**图书在版编目（CIP）数据**

景观钢笔快速表现/杨利平编著． —北京：化学工业出版社，2020.11

ISBN 978-7-122-37749-4

Ⅰ.①景…　Ⅱ.①杨…　Ⅲ.①景观设计-钢笔画-绘画技法　Ⅳ.①TU986

中国版本图书馆CIP数据核字（2020）第175798号

| | | | |
|---|---|---|---|
| 责任编辑：傅四周 | | 文字编辑：朱雪蕊　陈小滔 | |
| 责任校对：边　涛 | | 装帧设计：王晓宇 | |

出版发行：化学工业出版社（北京市东城区青年湖南街13号　邮政编码100011）
印　　装：大厂聚鑫印刷有限责任公司
787mm×1092mm　1/16　印张9¾　字数210千字　2021年1月北京第1版第1次印刷

购书咨询：010-64518888　　　　　售后服务：010-64518899
网　　址：http://www.cip.com.cn
凡购买本书，如有缺损质量问题，本社销售中心负责调换。

定　　价：35.00元　　　　　　　　　　　版权所有　违者必究

# 前 言

　　景观钢笔画是景观艺术和绘画艺术的融合，是建筑、规划、景观设计者必须掌握的一项基本技能。景观钢笔画有精细画法和快速画法之分，其中快速画法又分为草图式和作品式两类。草图式画稿是设计师纯粹为了创作资料的收集或设计意向的展示、交流，不大讲究线条和画面的优劣。作品式画稿讲究线条流畅、极具画面美感，为小众画种。相关专业的学生在学习的初级阶段通常要求景观钢笔画为作品式，在有了一定基础后，慢慢向草图式过渡。这种过渡期的训练重点就是实景和照片改绘的景观快速表现。

　　景观钢笔快速表现中的景观速写，即用简练的线条在短时间内扼要刻画（或记录）现场实际景物的形象。由于写生的时间有限，不能现场精细刻画景物，只能以一种快速表达的方式记录式地描绘景物意向。速写是设计师快速收集创作素材的手段，速写水平是建筑、规划、景观等设计者专业能力和素养的标志之一。

　　《景观钢笔快速表现》力求做到结构完整、内容新颖、实用性强。本书画稿均为笔者在速写本上直接用钢笔一次性完成，收入的所有写生作品是在带领学生实习（见习）期间或课程写生中的教学示范，以及笔者在国内旅行和出差途中，对古城（镇）、古村和古建筑的快速记录。部分国内和全部国外景观快速表现作品为照片改绘。为了体现景观钢笔快速表现的"快"字，一般景物完成时间为 20 ~ 30 分钟，复杂的景物也控制在 1 小时之内。

　　景观钢笔快速表现的训练重点是"胆大心细，敢于下笔，抓大放小，忽略细节"，同时用示范来展示"如何根据景观特点灵活运用技法"。让读者在实际速写和照片改绘练习中，短时间内掌握用钢笔快速、准确记录景观的能力。

　　希望本书能对相关专业学生和钢笔速写爱好者快速进步有所帮助，同时恳请读者对书中的不足之处提出批评指正。

**作 者**

2020 年 7 月

目 录
Contents

1 / Chapter

2 / Chapter

3 / Chapter

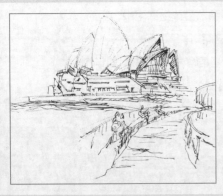

目 录
Contents

4 / Chapter

5 / Chapter

1

# 第一章
# 概　述

## 1.1　景观钢笔快速表现的意义

　　景观通常指一定区域呈现的景象，即视觉效果，如大地景观、城市景观、园林景观、建筑景观、植物景观等。景观钢笔画是景观艺术和绘画艺术的融合，是表现景观美和艺术美的绘画艺术，是建筑、规划、景观设计者必须掌握的一项基本技能。

## 1.2　景观钢笔快速表现的内涵

　　景观钢笔快速表现通常所指的范围包括以下几方面内容。一是景观速写，即用简练的线条在短时间内扼要刻画（或记录）现场实际景物的形象。由于写生的时间有限，不能现场精细刻画景物，只能以一种快速表达的方式记录式地描绘景物意向。速写是设计师快速收集创作素材的手段，速写水平是建筑、规划、景观等设计者专业能力和素养的标志之一。二是照片改绘，即以景观照片为摹本，用速写的技法描绘景物。目前照片改绘已普遍成为相关专业弥补写生训练不足的重要手段。三是设计语言，指设计师记录自己创作的灵感，同时也将设计理念传达给他人的一种形象语言。本书中景观钢笔快速表现所涉及的内容为速写和照片改绘。

## 1.3　景观钢笔快速表现的技法

　　钢笔画的技法很多，但是在短时间内进行景观的快速表现，常见的基本技法有线描法和混合画法两种。在这两种画法的基础上，根据绘画者的喜好、景物特点和时间限制等，又派生出众多不同的技法或风格。景观钢笔快速表现的总体特征是用笔随意、自然，快速完成。画面充满自信，线条舒展流畅，表达清晰、完整（图1-1、图1-2、图1-3、图1-4、图1-5）。有的时候画面线条松散而不明确，景物的形体一般有多条线反复组合给予限定（图1-6、图1-7、图1-8）。无论是什么技法和风格都应该在追求形式美和艺术性的前提下，注重客观性，在一定程度上体现景物的外部特征，各要素结构、比例，透视、空间和各要素之间的关系。

图 1-1　山城民居

图 1-2　平遥古城

图 1-3 罗城古镇

图 1-4 清华园

图 1-5 重庆涪陵绿地

图 1-6 悉尼歌剧院

图 1-7　重庆涪陵

图 1-8　扬州寄啸山庄

# 第二章
# 基本景观单体快速表现

# 2.1 树木

　　树木是植物景观的主体或骨架，其种类和形态多样，其中树形是构景的基本因素之一，也是观赏的主题。

## （1）阔叶树

　　通常阔叶树种类多，树形较为丰富，有圆形、卵形、伞形等。表现阔叶树的技法通常以弯曲线或小折线来刻画树冠外形，内部可用短排线刻画枝团的凹凸和起伏，如图2-1、图2-2、图2-3。柳树刻画注重枝条，淡化树叶，如图2-4。

图 2-1　榕树

图 2-2　大叶榕（黄葛树）

图 2-3　桂树

图 2-4　柳树

## （2）针叶树

松、柏和杉等针叶树有其共同特点，如叶形为针形、树形多为尖塔形、树干较为粗糙。特别是古松和古柏，历经岁月洗礼，饱经沧桑，树形遒劲。如图 2-5 和图 2-6 为古拙的柏树，图 2-7 至图 2-10 为形态各异的松树，图 2-11 和图 2-12 为雪松。

图 2-5　古柏（1）

图 2-6　古柏（2）

图 2-7　黄山松（1）

图 2-8　黄山松（2）

图 2-9 油松

图 2-10 黑松

图 2-11　雪松（1）

图 2-12　雪松（2）

## （3）棕榈型树木

棕榈型树木是热带和亚热带的代表性地带性植被。其主要特点是单干直立，不分枝，叶大，集中在树干顶部，多为掌状分裂或羽状复叶的大叶，如图 2-13 至图 2-20。

图 2-13　蒲葵（1）

图 2-14　蒲葵（2）

图 2-15　棕榈（1）

图 2-16 棕榈（2）

图 2-17　鱼尾葵

图 2-18 酒瓶椰子

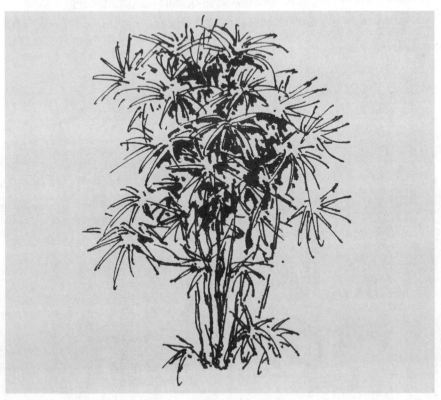

图 2-19 棕竹

图 2-20　苏铁

# 2.2　景石

景石作为重要的景观元素之一，在形态、色彩、纹理、质地、韵味等方面独具特色。太湖石通灵剔透、形状各异，最能体现"皱、漏、瘦、透"之美，如图 2-21、图 2-22。三峡石一般是指三峡库区的峡石或卵石，其中峡石的特点是外形奇特、圆润，宛如音符在石头上流淌，如图 2-23、图 2-24。房山石及花岗石，石质白中透青、青中含白，如图 2-25、图 2-26。

图 2-21　太湖石（1）

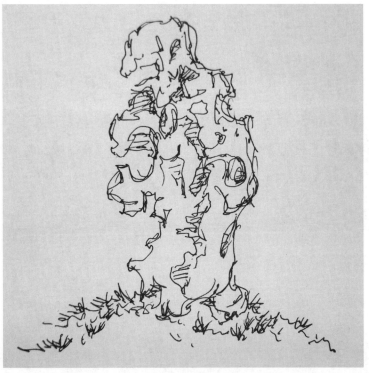

图 2-22　太湖石（2）

图 2-23　三峡石（1）

图 2-24　三峡石（2）

图 2-25　房山石

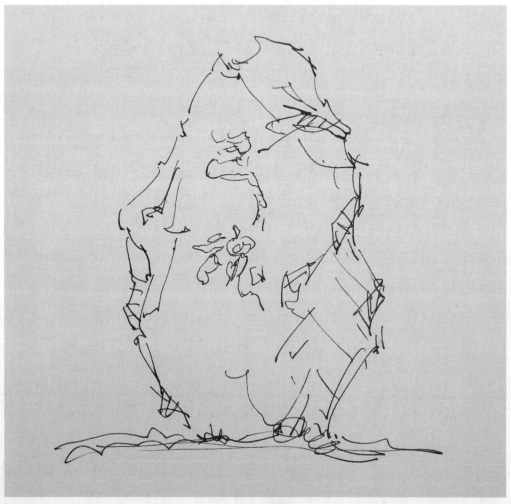

图 2-26　花岗石

# 2.3 建筑

　　由于建筑的结构复杂、各部分比例关系有着严格的规范，其成为画面之中处理难度最大的元素。建筑主体或建筑物某一局部在整体景观中占有重要地位，常常成为画面的主体。如果建筑物体量不大（不太高）或绘画者距离建筑物比较远，这时几乎为平视，建筑物纵向变形不明显。如图 2-27 和图 2-28，只有单线刻画，背光部分用美工笔简单加强一下就可出效果。

　　如果建筑物体量较大（很高）或绘画者距离建筑物比较近，这时为仰视，建筑物纵向变形明显，出现明显的天点。刻画时一定要注意建筑物两侧纵向轮廓线的倾斜角度，仰角越大，建筑物两侧纵向轮廓线的倾斜角度也就越大，凸显建筑物的高大和雄伟，如图 2-29 至图 2-34。

图 2-27　大连东清轮船会社旧址

图 2-28 陈云旧居（沈阳）

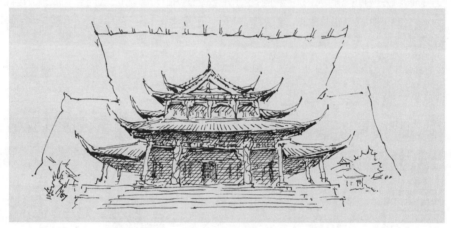

图 2-29 云南娜允

图 2-30 墨尔本街道

图 2-31　邛州园古塔

图 2-32　罗马教堂

图 2-33 应县木塔

图 2-34 街子镇字库塔

3

# 第三章
# 快速表现能力提高的训练方法

　　景观钢笔快速表现训练是在绘画者临摹基本过关，最好有过一些照片改绘或初步写生尝试的基础上进行的下一步工作。这就要求绘画者有一定手眼配合和一次下笔成型的能力和自信。景观钢笔快速表现的训练重点是"胆大心细，敢于下笔，抓大放小，忽略细节"，要多练习、多观察、多反思，就像画家常说的"不会画要多画，会画要多想"。通常坚持每天练习，3～4个月绘画能力就可明显提升。

　　绘画技能主要靠平时大量的甚至是枯燥的基础训练来完成，有量变才有质变。只要反复训练，总能实现突破，获得提升。

# 3.1　基本重复

　　基本重复为同一景观、同一角度、同一技法的重复训练。通常绘画训练有两种形式，第一种是同一景观反复地画，每一次都是在发现上一次不足的基础上进行改进，直到画得比较满意为止，这种方法可以磨炼绘画者的意志，有利于初学者绘画技能的快速提高（图3-1、图3-2）。另外一种是不停地画着不同的东西，这种做法不利于绘画中出现特定问题的改进。

图3-1　哈尔滨天主堂（1）

图 3-2　哈尔滨天主堂（2）

# 3.2　渐变重复

　　渐变重复为同一景观、同一技法、不同角度的训练。这种训练在基本掌握景观的比例和透视关系的基础上，对景观进行全面理解。精美的建筑景观最适合这种渐变重复的训练方法，如横道河子火车站（图 3-3、图 3-4），横道河子东正教堂（图 3-5、图 3-6、图 3-7），旅顺火车站（图 3-8、图 3-9、图 3-10），中东铁路管理局局长官邸旧址（图3-11、图 3-12、图 3-13）。

图 3-3　横道河子火车站（1）

图 3-4　横道河子火车站（2）

图 3-5　横道河子东正教堂（1）

图 3-6　横道河子东正教堂（2）

图 3-7 横道河子东正教堂（3）

图 3-8 旅顺火车站（1）

图 3-9 旅顺火车站（2）

图 3-10 旅顺火车站（3）

图 3-11　中东铁路管理局局长官邸旧址（1）

图 3-12　中东铁路管理局局长官邸旧址（2）

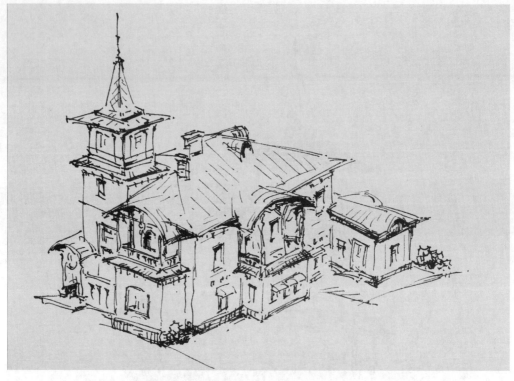

图 3-13　中东铁路管理局局长官邸旧址（3）

# 3.3　尝试技法

尝试技法为同一景观、同一角度、不同技法的训练。这种训练是在准确掌握比例和透视的基础上，尝试景观的不同表现技法。技法不同，表现效果有一定差异，如桂树的不同表现技法（图 3-14 至图 3-20）。

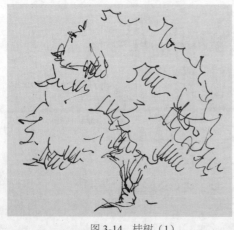

图 3-14　桂树（1）

图 3-15　桂树（2）

图 3-16　桂树（3）

图 3-17　桂树（4）

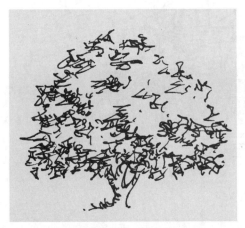

图 3-18　桂树（5）

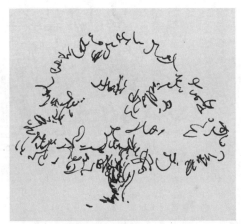

图 3-19　桂树（6）

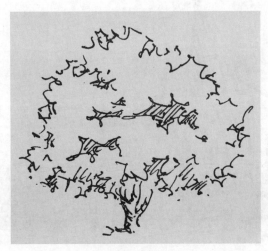

图 3-20　桂树（7）

# 3.4 小尺度训练

景观快速表现要求"抓大放小，忽略细节，把握整体"，初学者往往很难做到这一点。小尺度画面（大约速写本的1/2或1/4）更容易把握，同时因为画面没有刻画细节的多余空间，迫使绘画者将注意力放到景观的大轮廓上（图3-21至图3-30）。

图 3-21　清华园

图 3-22　哈尔滨江畔餐厅（1）

图 3-23　哈尔滨江畔餐厅（2）

图 3-24　河南社旗山陕会馆

图 3-25　中东铁路管理局局长官邸旧址

图 3-26　皇家园林建筑（沈阳故宫）

图 3-27　温州芙蓉村

图 3-28　杭州西湖花港观鱼

图 3-29　扬州瘦西湖入口

图 3-30　街子古镇瑞龙桥

# 3.5　局部训练

　　"哪里不会、哪里画不好就多练习哪里，哪里感兴趣就记录哪里。"局部训练能定向有效地弥补绘画者的短板。特别是结构复杂的建筑，局部训练更加适合，如图 3-31 至图 3-36。

图 3-31　中东铁路俄国职工住宅建筑群局部

图 3-32　武隆县景区建筑屋顶

图 3-33　柳江古镇曾家园局部

图 3-34 　上里古镇景亭局部

图 3-35 　上海外滩建筑局部

图 3-36　南京牛首山建筑局部

# 第四章
# 国内景观钢笔快速
# 表现示范

4

# 4.1　华北地区

　　北京的皇家园林不仅特色突出，同时也具有中国皇家园林的代表性，如故宫、颐和园、圆明园、北海、天坛等。

　　北京的皇家园林以雄伟华丽的建筑和苍劲的古树为特点，在钢笔快速表现中应该注重建筑的凝重和树木的沧桑。图4-1中左侧为柏树部分枝条，右侧为落叶的梅，中间夹景是雄伟的建筑佛香阁。柏树适当留白以表现白雪，梅花枝干以短断线和抖线增加沧桑感。

　　北京皇家园林及古寺中精美的建筑和苍松古柏是绝妙的搭配，画面取景构图应该尽量将二者做到完美组合，使画面充满历史故事感，如图4-2至图4-6。

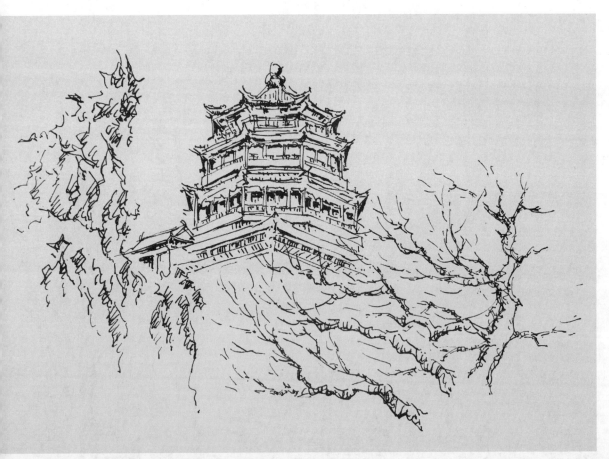

图4-1　颐和园佛香阁

图 4-2　北京故宫万春亭

图 4-3　天坛公园

图 4-4　天坛公园双环亭

图 4-5　北海公园

图 4-6　北京戒台寺

采用混合画法来表现精美的陶然亭，活跃的短线、适量的排线加上美工笔的点缀，黑白对比强烈，用笔流畅，很有画面感，如图 4-7。

图 4-7　北京陶然亭公园

河北井陉福庆寺桥楼飞架断崖上，古刹隐居峭壁间，诸景融聚一体，别具一格。画面中敞肩拱式桥上建楼，建筑左侧断壁立石，桥下幽深莫测，云飞楼动，宛如仙境，如图4-8。

图4-8　井陉福庆寺

山西为中华文明的发源地之一，境内遍布古城、古镇和古建筑。以黑白钢笔描绘记录山西的文明，在流畅的线条间可见历史的变迁，如图4-9至图4-13。

图4-9　平遥古城

图 4-10　应县木塔

图 4-11　悬空寺

图 4-12 万荣东岳庙

图 4-13 汾城文庙

刚毅有力的线条刻画出内蒙古胡杨林的沧桑，将"千年不死，千年不倒，千年不朽"的胡杨组成一幅生动的画面，如图 4-14。

图 4-14　胡杨林

阿尔山火车站是日本关东军驻扎时期的产物，主体是一幢东洋风格的低檐尖顶二层日式建筑，一侧还保留着半圆形尖顶的碉堡。简洁明了的线条，勾勒出这幢历史建筑的特色，如图 4-15。

图 4-15　阿尔山火车站

# 4.2　华东地区

　　华东地区自然环境条件优越，是中国综合技术水平较高的经济区，也是中国经济文化较发达地区。其中上海具有深厚的近代城市文化底蕴和众多历史古迹，江苏和浙江历史悠久、文化灿烂，是中国古代文明的发祥地之一。华东地区具有国内典型的私家园林和现代园林。

　　图4-16是上海辰山植物园矿坑花园的植物造景组合，构图活跃、线条自然、黑白对比恰当。不仅表现出植物组合中的竖向的变化，也可看出不同树种质感的差异。

图 4-16　上海辰山植物园

　　上海黄浦江畔的俯视画面如图4-17，陆地密集的建筑与江中的几艘船形成对比，构图简洁稳重，用笔概括，景深透视强烈。

图 4-17　上海黄浦江

上海滨江绿地建设中保留着工业时代记忆的同时，也有现代休闲设施。图 4-18 和图 4-19 用简练概括的线条勾勒出上海现代园林景观的容貌。

图 4-18　上海杨浦滨江绿地

图 4-19　上海滨江休闲公园

　　寺观多建在自然环境优美的名山胜地，风格上体现皇家园林和文人园林。一些历史悠久的寺观园林有着极高历史和文化价值，其中高大雄伟的建筑、碑林等古迹和古树是其明显的特征。钢笔快速表现时应该突出主体建筑，以植物为配景，虚实相映，使画面庄重而不呆板，如图 4-20、图 4-21 和图 4-22。

图 4-20　南京鸡鸣寺

图 4-21　惠山寺（1）

图 4-22　惠山寺（2）

　　俗语道江南有三多，即水多、船多和桥多，小桥流水人家已经成为江南的特色景观。钢笔表现可以用线条画法，画面清晰简练，如图 4-23、图 4-24；可采用混合画法，单线配以少量排线，画面层次感加强，如图 4-25；也可在混合画法中以美工笔的粗线代替排线，加快绘画速度，同时使得画面黑白对比分明，如图 4-26 至图 4-29。

图 4-23　苏州老街

图 4-24　惠山古镇

图 4-25　上海朱家角古镇

图 4-26　南京秦淮河

图 4-27　太仓沙溪古镇

图 4-28　昆山老街

图 4-29　周庄

图 4-30 为苏州留园画面，弯曲抖动的线条并非故意为之，而是当天突然降温致使作画的手僵硬、不够灵活所致。

图 4-30　苏州留园

　　利用美工笔富有变化的粗细线条，可以快速增强画面的表现力，如图 4-31、图 4-32。

图 4-31　镇江三山一渡

图 4-32　无锡拈花湾

　　三张瘦西湖速写的钢笔表现技法略有差异，画面效果明显不同。五亭桥以线条勾勒为主（图 4-33）。望春楼是线条加上美工笔的粗线（图 4-34）。白塔主体是线条，背景树则以粗线加上短排线加深，以衬托建筑主体白塔（图 4-35）。

图 4-33　瘦西湖五亭桥

图 4-34　瘦西湖望春楼

图 4-35　瘦西湖白塔

　　何园是中国晚清第一名园，也是扬州私家园林中的压轴之作，其中的片石山房被大画家石涛大师绘作叠山作品。画面构图精巧，以流畅随意的线条概括出"独峰耸翠，秀映清池"之绝妙，如图4-36、图4-37。

图4-36　扬州何园（1）

图4-37　扬州何园（2）

中国四大名亭之一的湖心亭玲珑秀美，作画时尽量保持亭的各部分比例准确，重点突出飞檐翘角隽秀之美。画面隐去远处的山景可凸显亭的主体，勾勒出远景则使画面富有空间感，如图4-38、图4-39。

图4-38　杭州湖心亭（1）

图4-39　杭州湖心亭（2）

美工笔下变化丰富的线条运用，彰显闸口白塔残缺的艺术魅力，如图 4-40。果断的短直线和排线生动地表达出延庆寺塔楼阁式砖木结构的复杂和精美，如图 4-41。

图 4-40　杭州闸口白塔

图 4-41　延庆寺塔

充满自信的直线在建筑景观的快速表现中最为常用，主景建筑的笔直线条与配景植物柔和多变的轮廓形成和谐统一的整体，如图 4-42、图 4-43、图 4-44。

图 4-42　杭州虹越花卉园艺

图 4-43　中国美术学院象山校区（1）

图4-44 中国美术学院象山校区（2）

　　济南老火车站（津浦铁路济南站），是二十世纪初德国著名建筑师赫尔曼·菲舍尔设计的一座典型的德国风格日耳曼式车站建筑。钢笔快速表现中快速流畅的线条概括出建筑本身的特点，同时还要表现出复杂结构中的精美，如图4-45。

图4-45 济南老火车站

　　青岛德国建筑群是 1897 年德国强占胶州湾后，在青岛留下的西式建筑群，独立布局的建筑配以绿树映衬成为青岛的独特风景。用钢笔快速表现这类结构复杂的建筑时，首先准确把握其透视和比例关系，注重以短线条对花岗石嵌角或蘑菇石墙裙的适当刻画，以体现出这类砖木结构建筑的特点，同时注意用平行线留白的手法表现屋顶的牛舌瓦以展示建筑风格的差异。高耸的山墙既打破屋檐单调的水平线，又起到构图中心和视觉焦点的作用，如图 4-46、图 4-47、图 4-48。

图 4-46　青岛教堂

图 4-47　青岛总督府旧址（1）

图 4-48 青岛总督府旧址（2）

　　黄山代表性景观有"五绝三瀑"，其中奇松、怪石和云海深受绘画者的钟爱。同为安徽名山的天柱山，呈现出奇峰、怪石、幽洞、峡谷等自然景观。采用中国画构图技法，以刚毅流畅的线条勾勒裸露的花岗岩的轮廓，排线刻画岩石的背光处，配以奇松构成一幅优美生动的画面，如图 4-49、图 4-50。

图 4-49　安徽黄山

图 4-50 安徽天柱山

　　四大名亭之一的醉翁亭，房檐特色鲜明，形成有如鸟翼伸展的檐角，加之亭东侧摩崖石刻的石壁，房屋各部分曲线优美柔和，直线刚毅伸展，曲直相交，如图 4-51。

图 4-51 醉翁亭

依溪而建的典型徽派民居，临水一侧多挑出，建有敞廊，别有一番情趣。墙面留白，刻画重点为马头墙、溪旁小路及小桥，如图4-52。

图4-52　安徽卢村

# 4.3 东北地区

　　1903 年东北境内中东铁路建成后，30 多个国家在这里设立领事馆、银行和教堂。2018 年中东铁路入选第一批中国工业遗产保护名录。目前东北三省仍然保留殖民时期的各国建筑，作为历史的记忆。

　　圣·索菲亚教堂是一座始建于 1907 年拜占庭风格的东正教教堂，为哈尔滨的标志性建筑。教堂是俄国建筑师科亚西科夫设计，富丽堂皇、典雅超俗、宏伟壮观。选取教堂具有俄罗斯传统"帐篷顶""洋葱头"造型的主穹顶和钟楼为对象，仰视画面中对建筑下部分进行较为细致的刻画，上部穹顶简约勾勒，这样强烈的透视效果更加彰显教堂的高大雄伟，如图 4-53。

图 4-53　哈尔滨圣·索菲亚教堂

哈尔滨的老建筑非常多，在样式和风格上也极为多样，富于变化。使用美工笔做加强背光部分处理，以增强建筑物的岁月痕迹，如图 4-54 至图 4-59。

图 4-54　哈尔滨圣母守护教堂

图 4-55　哈尔滨大直街墓塔（1）

图 4-56　哈尔滨大直街墓塔（2）

图 4-57　哈尔滨老建筑（1）

图 4-58　哈尔滨老建筑（2）

图 4-59　哈尔滨江畔餐厅

　　哈尔滨伏尔加庄园是一个以俄罗斯文化为主题的园林，其中建有 30 多座经典的俄式建筑。建筑景观的主景刻画比例和透视精准，技法尝试一些小的变化，如图 4-60 至图 4-64。

图 4-60　哈尔滨伏尔加庄园（1）

图 4-61　哈尔滨伏尔加庄园（2）

图 4-62　哈尔滨伏尔加庄园（3）

图 4-63　哈尔滨伏尔加庄园（4）

图 4-64　哈尔滨伏尔加庄园（5）

　　中东铁路沿线保留下的建筑众多，除了哈尔滨市中东铁路建筑群以外，还有十几处建筑群。这些建筑多由俄国设计师设计，外形精美、风格各异。钢笔的黑白对比和刚毅有力的线条，更适合表现这些建筑历史的历练，如图 4-65、图 4-66、图 4-67。

图 4-65　昂昂溪火车站

图 4-66　横道河子老建筑（1）

图 4-67　横道河子老建筑（2）

　　吉林西站由林徽因设计、梁思成审定，是东北第一条中国人自建铁路的火车站。画中的建筑为中西合璧，既表现出中国传统建筑的底蕴，又有西方现代建筑的风格，整个画面构图稳重，刻画到位，如图4-68。

图4-68　吉林西站

　　舒展灵活的线条使东北平原冬季落叶树景观的构图画面稳重而不呆板，如图4-69。

图4-69　东北冬季

# 4.4　华中地区

　　华中地区地形地貌丰富，名山大川众多，历史文化厚重，文人名家辈出。湖南张家界地层复杂多样，造化了当地的特色景观，其中最具特色的是石英砂岩峰林地貌，为世界罕见。画面选景具有代表性，用线灵活，处理到位，如图4-70。

图4-70　湖南张家界

爱晚亭为中国四大名亭之一，因取唐代杜牧"停车坐爱枫林晚，霜叶红于二月花"诗意而得名。亭形为重檐八柱，琉璃碧瓦，亭角飞翘，自远处观之似凌空欲飞状。因而刻画时特别注意亭角的准确和线条的流畅，同时在亭旁和崎岖的小径边合理勾画配置的植物和山石，形成不同角度都很完美的画面，如图4-71、图4-72。

图 4-71  爱晚亭（1）

图 4-72  爱晚亭（2）

湖南黔阳古城是全国保存最为完好的明清古城之一，城内青石街巷纵横交错，明清建筑比比皆是。粗细相间的线条，以美工笔将背光部粗线加黑，整体画面充满历史厚重感，如图4-73。华中地区的其他古城镇和古村寨也各有特色，完美诠释着文化多元带来的视觉享受，如图4-74、图4-75、图4-76。

图4-73　湖南黔阳古城

图4-74　湖南皇都侗寨

图 4-75　湖南洪江古镇（1）

图 4-76　湖南洪江古镇（2）

# 4.5 华南地区

　　据统计华南地区保存完好的传统村落有 350 多个。多民族的原住民、客家和华侨文化相互交融，形成特色鲜明的村落布局和建筑特色。钢笔刻画时，注意古建筑、古树和石板小路的关系，从而使画面生动活泼，如图 4-77、图 4-78、图 4-79。

图 4-77　清远油岭千户瑶寨

图 4-78　广西三江侗寨

图 4-79　广西黄姚古镇

# 4.6　西南地区

西南地区为历史文化悠久的多民族聚居区，至今还保留着各具特色的古城、古镇和古民居。

临邛古城为巴蜀四大古城之一，古南方丝绸之路西出成都的第一城。西汉临邛才女卓文君与大辞赋家司马相如曾在此设肆卖酒，"文君当垆，相如涤器"的千古爱情绝唱被誉为"东方爱情经典"。简练灵活的钢笔线条，概括出老街古建筑的时间沉淀和三角亭的秀美，如图 4-80、图 4-81。

图 4-80　临邛古城大北街

图 4-81　文君井公园

　　邛崃市平乐古镇迄今已有两千多年的历史，老榕树、白沫江、沿江而建的吊脚楼、青石铺成的街道，寥寥几笔彰显出古镇天然清新的乡土文化，如图 4-82、图 4-83。

图 4-82　平乐古镇（1）

图 4-83 平乐古镇（2）

柳江古镇有川西风情吊脚楼、中西合璧的曾家园、访古寻悠的水码头、亲水临河古栈道、百年民居汇老街，还有圣母山碑林、千年古树等特色景观。这里到处是景，处处入画，是写生的佳地。古建筑、古街和古树随你用钢笔画各种技法自由表达，奔放的黑白线条勾画出的都是充满历史故事的画面，如图4-84至图4-89。

图 4-84 柳江古镇（1）

图 4-85　柳江古镇（2）

图 4-86　柳江古镇（3）

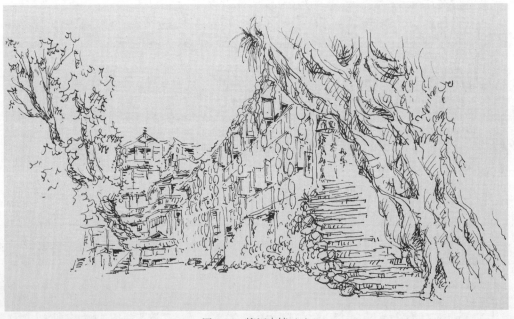

图 4-87　柳江古镇（4）

图 4-88 柳江古镇（5）

图 4-89　柳江古镇（6）

　　上里古镇依山傍水、田园小丘、木屋为舍，目前仍保留着许多明清风貌的吊脚楼式建筑、古街道和古桥。在步步皆风景的古镇，用钢笔安静地品味一幅幅具有历史印迹的画面，如图 4-90 至图 4-98。

图 4-90　上里古镇（1）

图 4-91 上里古镇（2）

图 4-92 上里古镇（3）

图 4-93　上里古镇（4）

图 4-94　上里古镇（5）

图 4-95　上里古镇（6）

图 4-96　上里古镇（7）

图 4-97 上里古镇（8）

图 4-98 上里古镇（9）

西来古镇不仅完整地保留着大量明清时期的川西民居及一座精美的惜字宫，还有声名远扬的千年古榕。淡化远景、青瓦适当留白，惜字宫的飞檐结构和古街道古朴之美成为钢笔刻画的重点，如图4-99、图4-100、图4-101。

图4-99　西来古镇（1）

图4-100　西来古镇（2）

图 4-101 西来古镇（3）

　　街子古镇具有深厚的文化积淀，小巧朴素的建筑、光滑的石板路在钢笔灵动的线条和巧妙构图的刻画下，使画面展示出"川西水乡"之美，如图 4-102 至图 4-105。

图 4-102　街子古镇（1）

图 4-103　街子古镇（2）

图 4-104　街子古镇（3）

图 4-105　街子古镇（4）

　　元通古镇历史上为文井江上一个重要的码头，临河小巷口的哥特式建筑展示着小镇曾经的繁荣。华丽飞檐的古桥亭、欧式风格的古当铺、大宅院的门厅等成为画面的重点，如图 4-106 至图 4-109。

图 4-106　元通古镇（1）

图 4-107　元通古镇（2）

图 4-108　元通古镇（3）

图 4-109　元通古镇（4）

西南地区的四川境内还有众多保存完好的古城、古镇和古村，它们在历史的长河中形成各自特色。或随意潇洒的线条，或大胆地用黑点缀，或夸张的透视关系都尽显黑白画面的灵动，如图4-110至图4-114。

图4-110　高庙古镇

图 4-111　文笔村

图 4-112　会理古镇

图 4-113　自贡古城

图 4-114　成都郫县

　　重庆地处中国内陆西南部，以桥都和山城著称。主城及周边"网红"地有洪崖洞、观音桥、解放碑、磁器口、长江索道、旋转电梯、观光电梯、"轻轨穿楼"——李子坝、十八梯、三道拐、偏岩古镇等。同一选景地的不同角度、不同的选景地点和不同表现技法，都在展示重庆山城独具特色的城市景观，如图 4-115 至图 4-124。

图 4-115　重庆洪崖洞（1）

图 4-116 重庆洪崖洞（2）

图 4-117 重庆磁器口

图 4-118　重庆李子坝

图 4-119　重庆十八梯

图 4-120　重庆三道拐

图 4-121　重庆长江大桥

图 4-122 重庆罗汉寺

图 4-123 偏岩古镇

图 4-124　重庆绿地

　　西沱古镇位于重庆市石柱土家族自治县，徜徉在古镇，沿着云梯街拾级而上，两旁是层层叠叠的土家吊脚楼。用钢笔画的线条画法或混合画法来表现西南的川渝民居和狭窄的街道，画面简练、素雅，如图 4-125、图 4-126、图 4-127。

图 4-125　西沱古镇（1）

图 4-126　西沱古镇（2）

图 4-127　西沱古镇（3）

安居古镇景色清幽奇特，风光旖旎，既有错落有致的古镇建筑（传统街区），又有遍布古镇的历史遗迹。俯视古镇街道画面，透视感强烈，城隍庙建筑群、古城门可成为独立建筑景观，如图 4-128、图 4-129、图 4-130。

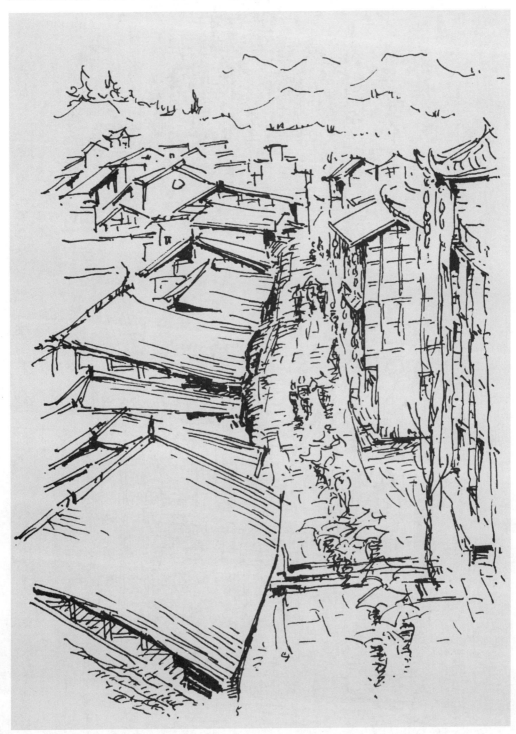

图 4-128 安居古镇（1）

图 4-129　安居古镇（2）

图 4-130　安居古镇（3）

宁厂古镇是三峡地区古人类文明的发祥地和摇篮，堪称世界的"上古盐都"和世界手工作坊的"鼻祖"。古镇建筑多为斜木支撑的"吊脚楼"，临河而建，古色古香，别有一番风味。画面选取适合的角度及大胆地使用黑色，来表达古镇的悠久与衰败，如图4-131、图4-132、图4-133。

图4-131　宁厂古镇（1）

图4-132　宁厂古镇（2）

图 4-133　宁厂古镇（3）

重庆境内的涞滩古镇、路孔古镇、塘河古镇等也都有着悠久的历史和文化。画面中随性的笔触记录着古老的石板路、各具特色的古建筑，无不彰显着它们过去的辉煌，如图4-134至图4-137。

图 4-134　涞滩古镇

图 4-135　路孔古镇

图 4-136　塘河古镇（1）

图 4-137　塘河古镇（2）

洱海普陀岛面积较小，岛上一座两层歇山顶式的楼阁（观音阁）造型精美。钢笔线条将建筑、山石与树木合理搭配，构成一幅生动画面，如图4-138。

图4-138　洱海普陀岛

大理古城在唐、宋500多年的历史间是云南的政治、经济、文化的中心。古城内文物古迹众多，画面中的城门楼为古城的标志之一，如图4-139。

图4-139　云南大理古城

丽江古城内的街道依山傍水修建，是中国民居中具有鲜明特色和风格的类型之一。在外部造型与结构上，古城民居糅合了中原建筑和藏族、白族建筑的技艺。画面中向上收分土石墙、屋顶叠落的小青瓦、木构架等，表现出建筑布局和艺术手法上独特的风格，如图 4-140。

图 4-140　云南丽江古城

沙溪古镇古色古香，有古寺庙、古戏台、古商铺、古老的红砂石板街道，还有百年古树、古寨门等。古老的玉津桥构图稳重而灵动，用笔活跃；精美的古戏台的刻画将重点放在建筑众多的檐角，如图4-141、图4-142、图4-143。

图 4-141　云南沙溪古镇（1）

图 4-142　云南沙溪古镇（2）

图 4-143 云南沙溪古镇（3）

六百多年来中原文化、西洋文化、南诏文化和边地文化在和顺古镇交融碰撞，形成了独特的侨乡文化和马帮文化。在钢笔快速表现古寺庙建筑群时，用美工笔线条的变化凸显古建筑的庄重和沧桑，主景和配景虚实对比有度，画面感较强，如图 4-144。

图 4-144 云南和顺古镇

团山村传统民居中特色明显的二层门楼配置一棵古树，在钢笔线条的快速表现下，形成一幅古朴的画面，如图 4-145。

图 4-145　云南团山村

贵州千户苗寨由 10 余个依山而建的自然村寨相连成片，放眼望去竖向层层叠叠，视觉丰富，如图 4-146。

图 4-146　贵州千户苗寨

　　青岩古镇街道构图稳重而不死板，古建筑交错密布，飞角重檐相间。线条自信流畅，画面清晰，如图4-147。

图4-147　贵州青岩古镇

盘州古城历史文物古迹颇多，以小折线和抖线等混合刻画绿藤，门洞大胆上黑，使保存完好的北门楼更显古朴沧桑，如图 4-148。

图 4-148　贵州盘州古城

# 4.7　西北地区

　　西北地区是中华民族文化的重要发祥地之一，古建筑规模大，保存完好。有"沙漠第一泉"之称的月牙泉，画面处理得当，有空旷荒凉之感，如图 4-149。

图 4-149　月牙泉

　　马蹄寺是集石窟艺术、祁连山风光和裕固族风情于一体的风景区。选取一处典型的寺庙建筑为主体，隐约可见背后裸岩上的马蹄状侵蚀痕迹，使画面具有鲜明的特色，如图 4-150。

图 4-150　马蹄寺

郎木寺古镇是甘肃省和四川省交接处的居民点。白龙江水把小镇一分为二,江北的赛赤寺属于甘肃碌曲县,江南的格尔底寺属于四川若尔盖县。画面主体藏传佛教格鲁派寺庙与远处建筑形成鲜明的透视效果,景深悠远,如图4-151。

图4-151　郎木寺古镇

青木川古镇位于陕、甘、川交界处,素有"一脚踏三省"之誉。镇内古街道、古建筑、古摩崖、古祠堂、古寺庙、古题刻等,展现古镇悠久的历史和深厚的文化底蕴。灵动的线条,恰当地加黑,使画面黑白对比强烈,增强了钢笔画的艺术性,如图4-152、图4-153。

图4-152　青木川古镇(1)

图 4-153　青木川古镇（2）

5

# 第五章
# 国外景观钢笔快速
# 表现示范

# 5.1　欧洲

　　欧洲是人类生活水平、环境以及人类发展指数较高的大洲之一。欧洲建筑是分布在欧洲的古代建筑的统称，其风格特点是简洁，线条分明，讲究对称，运用色彩来对视觉进行冲击，雍容华贵、典雅，富有浪漫主义色彩。欧洲建筑风格包括：巴洛克建筑、法国古典主义建筑、哥特式建筑、古罗马建筑、浪漫主义建筑、罗曼建筑、洛可可风格建筑、文艺复兴建筑等。刻画欧洲的建筑景观一定要做到透视和比例的精准，同时钢笔线条自然流畅，这样才符合其风格特点，如图5-1至图5-20。

图 5-1　俄罗斯圣瓦西里大教堂

图 5-2　比利时米歇尔教堂

图 5-3　意大利比萨斜塔

图 5-4　波兰格但斯克

图 5-5　罗马尼亚布朗城堡（1）

图 5-6　罗马尼亚布朗城堡（2）

图 5-7　德国塞帕歌剧院

图 5-8　西班牙圣家族大教堂

图 5-9　西班牙科尔多瓦

图 5-10　西班牙街景

图 5-11　英国城市街道

图 5-12　英国爱丁堡

图 5-13　马耳他大力水手村

图 5-14　圣马力诺

图 5-15 波罗的海小镇

图 5-16 法国巴黎

图 5-17　奥地利哈尔施塔特

图 5-18　欧洲建筑（1）

图 5-19 欧洲建筑（2）

图 5-20　欧洲建筑（3）

# 5.2　其他国家

　　日本合掌村的特别之处即有名的"合掌造"，是日本传统乡村的建筑。"合掌建筑"指的是将两个建材合并成叉手三角形状且用稻草、芦苇来铺屋顶，在白川地区又被称为"切妻合掌建筑"，两边的屋顶像是一本打开的书一样，成一个三角形状，这也是适应当地雪大的自然条件而发展出来的。用不同技法刻画合掌村，画面效果差异明显，如图 5-21、图 5-22。

图 5-21　日本合掌村（1）

图 5-22　日本合掌村（2）

　　日本难波公园是一个斜坡公园，从街道地平面上升至 8 层楼的高度，层层推进、绿树成荫，仿佛是游离于城市之上的自然绿洲。俯视画面中反复重叠的线条，快速展示难波公园的布局，如图 5-23。

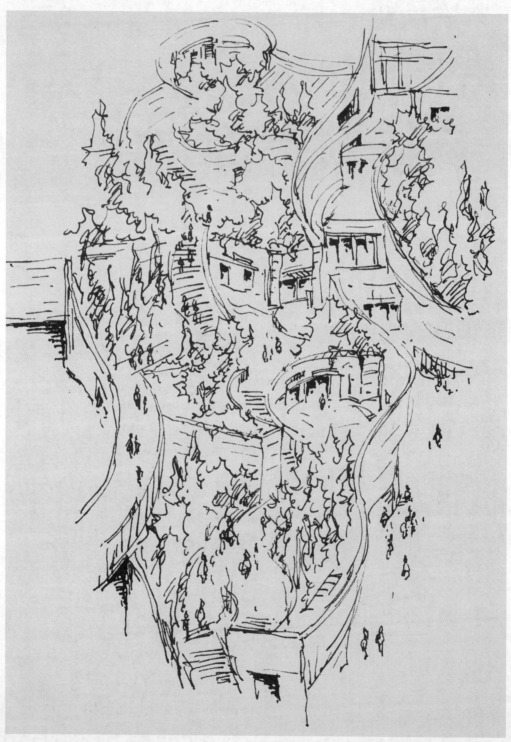

图 5-23　日本难波公园

泰姬陵是一座用白色大理石建成的巨大陵墓清真寺。构图稳重的画面中展示了殿堂、钟楼、尖塔、水池等，近处的游人和远处的树木活跃了纪念性景观的气氛，如图5-24。

图 5-24　印度泰姬陵

千柱神庙建于1439年，是全印度最大和最重要的耆那教寺庙之一。神庙的中心大殿成为画面的构图焦点，数不清的大理石柱用快速虚化方法，以衬托中心建筑，如图5-25。

图 5-25　印度千柱神庙

宾夕法尼亚大学是一所全球顶尖的私立研究型大学，著名的八所常春藤联盟校之一。校园景观处处可见精美而古老的建筑，简约的布局和自然式的植物配置方式，如图5-26。

图5-26　美国宾夕法尼亚大学

大城府曾是泰国阿瑜陀耶王朝国都，虽然已是断壁残垣，但那些宫殿的遗堡、辉煌依旧的佛像和细致的雕刻仍能让人感到曾经数百年的繁荣辉煌。画面选取佛像被古榕树多年缠抱而形成的"树抱佛"景观，如图5-27。

图5-27　泰国大城府遗址